上官王强　喻华峰　主编

U0644497

中国杨梅产业发展报告 2017

中国农业出版社

内容简介

　　报告共分七个部分，对中国水果与杨梅产销情况、杨梅产业发展情况、产业政策支持、产业未来发展趋势进行了研究分析，同时进一步探析生鲜电商发展情况以及杨梅线上消费者的消费习惯、消费偏好等问题，明确了生鲜电商对接消费者需求升级，促进冷链物流、包装、仓储、加工产业发展，倒逼上游杨梅种植端规模化发展、产业模式升级、产品标准化，助力杨梅种植户销售产品、塑造品牌的价值。

委 员 会

主　任　赵泽琨

副主任　傅雪柳

编　委　宋锦峰　杨亚菲　李　滟

　　　　杜　研　李　洁　石爽爽

主　编　上官王强　喻华峰

作者简介

1.CCTV-7 农业节目

CCTV-7农业节目由农业部与中央电视台合办，中国农业电影电视中心（以下简称农影中心）负责制作播出。农影中心创建于1949年6月29日，1995年底开始负责制作中央电视台第七套农业节目。现已发展到拥有12个在播的农业电视栏目，每天播出8小时，涌现了一批品牌栏目、优秀节目和知名主持人。有近百部影视片获国内外大奖。

截至2016年年底，CCTV-7农业节目观众覆盖率达97.7%，观众规模12.84亿人，全国排名第一，深受关注三农问题的城乡观众的喜爱。

农影中心自成立以来，始终坚持"为农业、农村、农民服务"的宗旨，大力普及农业科学知识，推广农业先进技术，传递经济和科技信息，为农业现代化建设及农村两个文明建设做出了显著的成绩。农影中心现已发展成为集农业电影、电视、音像出版、新媒体于一体的国家级新闻媒体平台。

2. 本来生活网

本来生活网，中国家庭的优质食品购买平台，2012年于北京起航，致力于与社会各界共同行动，改善中国食品安全现状，成为中国优质食品提供者，建筑优质食品生态链，让生活原汁原味。本来生活网买手从全国各地上百家优质基地中优选时令水果、水产海鲜、新鲜蔬菜、进口牛奶、粮油副食等上万种优质食材，真正实现基地直送，全程冷链配送，新鲜直达。

本来生活网如今已经在北上广三地建仓，生鲜配送城市82个，常温配送城市达300多个，拥有生鲜电商5年运营经验和褚橙、长秋山不知火柑、俞三男大闸蟹、浙江杨梅等一系列优质农产品打造的优秀案例；拥有2 500万优质会员用户和消费大数据。在用互联网思维塑造农产品品牌的同时，更新了中国人的生活方式，让食材原汁原味，让生活回归本来。让安心和安全成为人人可享有的基本权利，让家人和朋友，能够像吃饭一样地吃饭。

杨梅蓝皮书（序）

　　随着农业供给侧结构性改革深入推进，我国农产品供给能力和水平不断提升，粮食、油料、蔬菜、水果、肉类等重要农产品产量连续多年稳居世界第一，品种日益丰富，质量稳步提高。这不仅使城乡居民的"米袋子""菜篮子"更加精彩纷呈，而且为促进产业转型升级、带动农民增收致富发挥了重要作用。

　　杨梅是原产于我国的亚热带水果，也是我国最具特色的水果之一。杨梅生长在长江流域以南，因为肉厚多汁、酸甜可口备受喜爱，但由于受不耐贮运、销售半径小的影响，一直以来主要是江南食客的福利。而今，随着物流和生鲜电商的飞速发展，杨梅畅销全国成为了可能。中国农业电影电视中心（CCTV-7农业节目），联合优质生鲜电商平台本来生活网出版的这本《中国杨梅产业发展报告2017》，把目光投向了我国杨梅产业的发展，具有很强的现实意义。

　　作为杨梅原产国，我国杨梅产业的主要优势是什么？互联网时代将给杨梅产业带来怎样的前景？如何把杨梅这种小水果的产业盘子做大？这本《中国杨梅产业发展报告2017》，从一定程度上为我们勾勒出了杨梅产业的发展之路。

　　全书着眼全国的杨梅产业全局，深度探究当今杨梅产业的现状、问题和举措。从杨梅的产地、产量、进出口、销量价格、品牌打造等方面分析了当今杨梅产业的发展现状；从市场区域变化、消费结构变化、消费场景变化等方面描摹中国杨梅市场的消费升级曲线；从种植模式、经营模式、销售模式等方面考量中国杨梅的供给现状；从产品标准化、物流运输、食品安全方面解析行业发展关键点。

关注流通环节，是本书的可贵之处。本书把杨梅鲜果的流通、消费渠道作为重点进行了较大篇幅的分析，分别阐述了传统渠道和创新渠道的特点，并从市场消费占比、品牌效应、产地消费者互动等维度分析了二者的关系和区别。这些分析，对延长产业链、提升价值链具有较强的指导作用。

如今，在各行各业都倡导"互联网＋"的时代，杨梅产业也没有落后，搭上了互联网的快车，值得许多生鲜产品销售者借鉴。全书在数据引用方面，以官方数据为基础，同时适量引用了来自电商后台的一手数据资料，力求客观详实。本书把近年来异军突起的生鲜电商，作为整个产业展望中重要的一环进行阐述，分析了生鲜电商对产业上游种植模式升级、产品标准化和中游冷链物流的促进作用，对下游消费者及品牌塑造方面的价值影响。这些重要分析，可以为整个产业升级提供一些参考。

希望本书对我国杨梅产业的梳理和分析，能给相关从业者、管理者带来有价值的参考，能为促进杨梅产业持续健康发展提供借鉴。

谨以此作序。

国务院参事室特约研究员
中国农产品市场协会会长

目　录

一、行业全貌

——中国水果与杨梅产销情况概览

潜力大

种植面积

销量　消费结构　生产

水果　杨梅　稳步

概览　行业

中国水果产量稳步增长，消费结构逐步优化

◆ 2016年水果产量约为1.87亿吨，产量居世界第一。得益于居民消费升级及水果种植技术提升，中国水果产量仍以近7%年均速度增长。

◆ 目前，中国水果种植主要集中在两广以及河北、陕西、山东等地的山地、丘陵地区，品种以苹果、柑橘、梨等大宗水果为主。不过随着消费需求增加、技术与管理水平的提高，香蕉、葡萄、草莓、猕猴桃以及部分亚热带、热带水果等的种植面积增长速度加快，中国水果种植品种结构不断得到调整和改进。

◆ 我国水果消费结构以鲜食为主，饮品、果干、蜜饯等加工消费为辅，整体流通损耗规模超过15%。不过随着电商、新零售、休闲农业等新兴流通模式的兴起，水果保鲜仓储加工技术的提高以及冷链物流体系的建设，消费结构正在逐步优化。

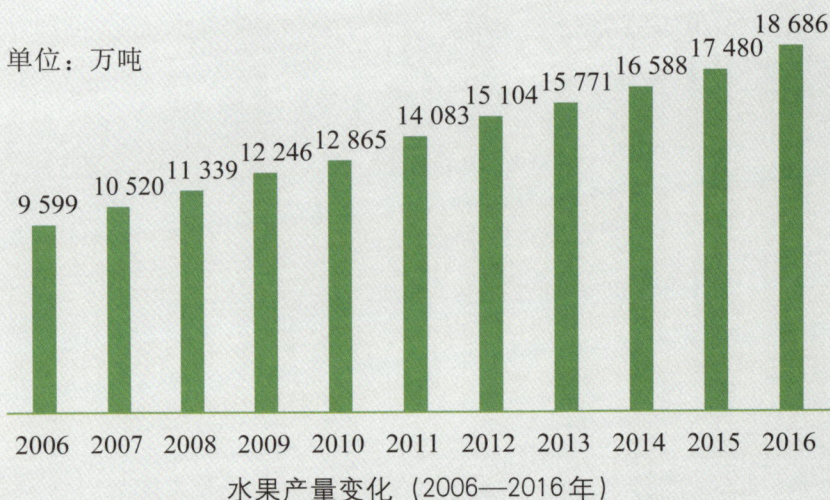

单位：万吨

2006	2007	2008	2009	2010	2011	2012	2013	2014	2015	2016
9 599	10 520	11 339	12 246	12 865	14 083	15 104	15 771	16 588	17 480	18 686

水果产量变化（2006—2016年）

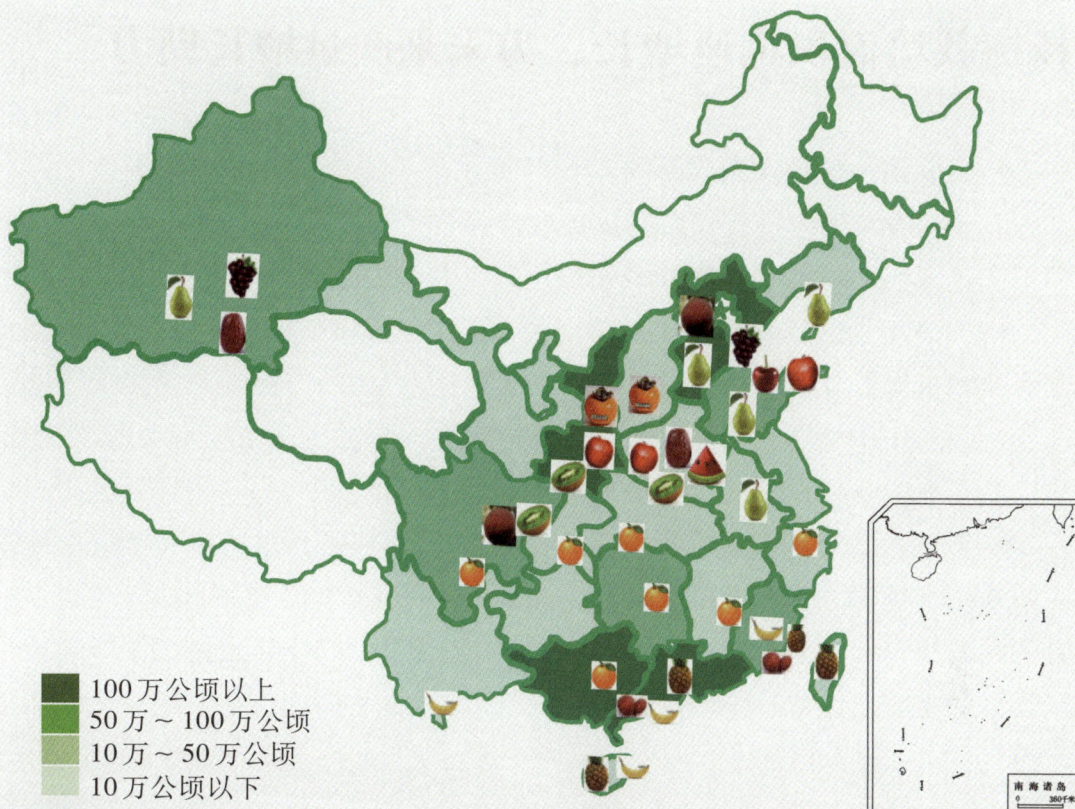

中国水果种植分布

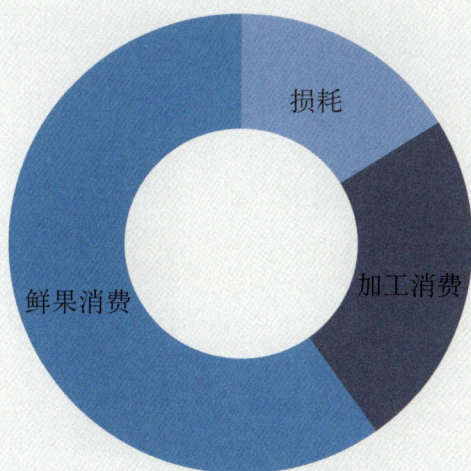

图例	
■	100万公顷以上
■	50万～100万公顷
■	10万～50万公顷
■	10万公顷以下

中国水果消费结构

损耗

加工消费

鲜果消费

数据来源：国家统计局，农业部种植司，本来生活网调研

杨梅栽培面积迅速增长，为未来产量增长助力

◆ 杨梅作为特色水果，价格对比其他水果价格较高、种植经济效益好，且近几年政府对地方特色农业的发展扶持促进了杨梅产业的发展，杨梅种植面积快速增长。2016年杨梅种植面积达23.7万公顷，年平均增速7%。

◆ 2016年杨梅产量83万吨左右，年平均增速2%左右。这主要是由于近几年新栽杨梅数量多，而杨梅从栽培到结果还存在一定时间差，因此产量增速相对栽培面积较慢。但可以预见，杨梅栽培面积的迅速增长为未来产量增长提供了更多空间。

◆ 不过，杨梅产量在水果产量中的比例仍然较低，仅为0.5%左右，这主要是由于杨梅属于地方特色水果，地理环境要求较高、栽培区域有限，并且我国杨梅单户种植规模小，技术水平低、生产能力有限，还处于"采摘→销售"的粗放式经营阶段，抗自然风险与市场风险能力较弱。

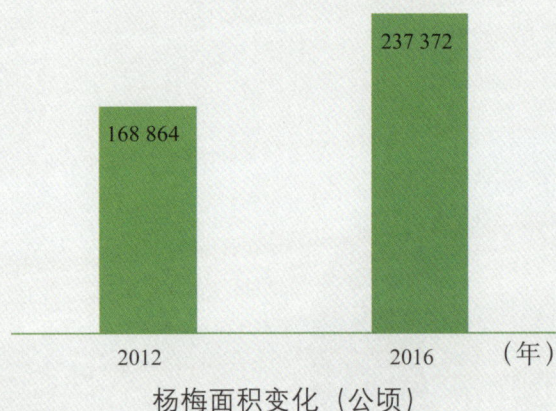

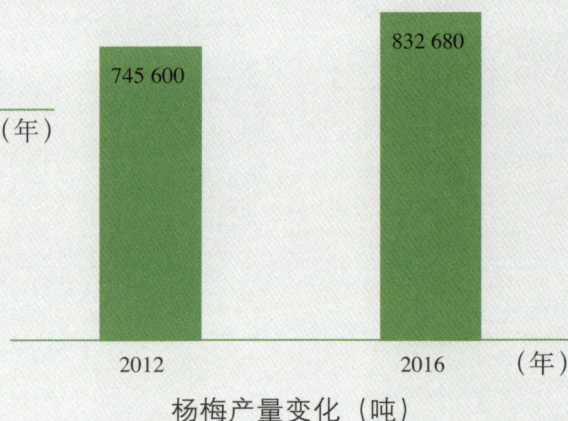

杨梅面积变化（公顷）

年	面积
2012	168 864
2016	237 372

杨梅产量变化（吨）

年	产量
2012	745 600
2016	832 680

数据来源：林业信息网，本来生活网调研

产后保鲜技术及冷链能力制约杨梅产业发展，中国杨梅流通损耗高

◆ 中国杨梅消费以鲜食为主，2016年杨梅鲜果消费66万吨左右（含损耗），约占产量的比例为80%，其中损耗规模达20%。杨梅加工占比约15%，出口比例不到5%。

◆ 杨梅成熟期集中，对储运保鲜要求高，严重影响其销售半径，而产地产后保鲜技术水平低、冷链建设及管理能力薄弱，因此传统鲜果消费主要集中于具有杨梅消费偏好的江、浙、闽、广等东南沿海地区。

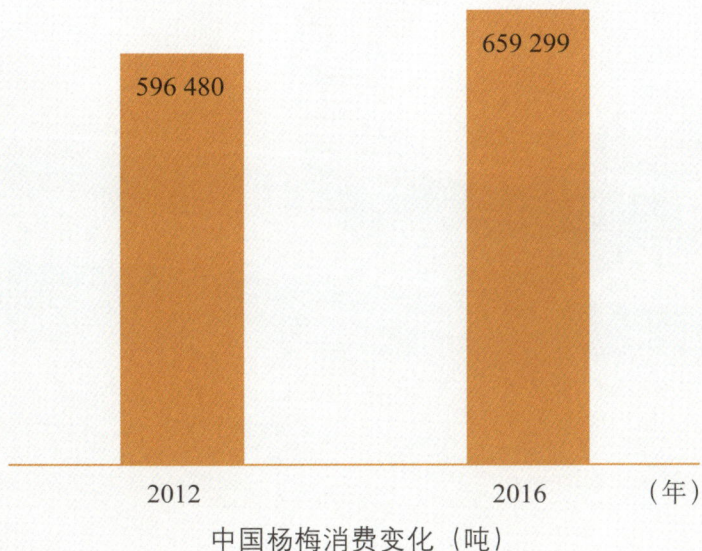

596 480　　　659 299

2012　　　　2016　　　（年）

中国杨梅消费变化（吨）

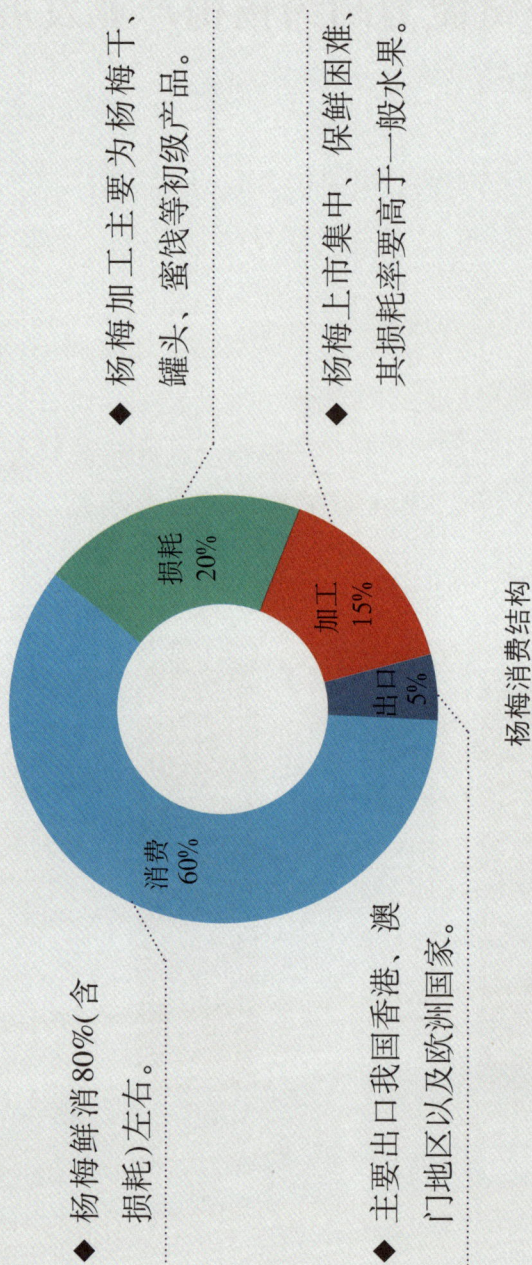

杨梅消费结构

◆ 杨梅加工主要为杨梅干、罐头、蜜饯等初级产品。

◆ 杨梅上市集中，保鲜困难，其损耗率要高于一般水果。

◆ 杨梅鲜消80%(含损耗)左右。

◆ 主要出口我国香港、澳门地区以及欧洲国家。

损耗 20%
加工 15%
出口 5%
消费 60%

数据来源：本来生活网调研估算

二、中国杨梅产地发展情况

——小小杨梅蓄势待发

营养全面

老少皆宜

浙江 栽培品种 批发价格 规模化

湖南 产地分布

主产县 云南石屏 电商强县

品质第一

千年杨梅产中国，四大品种今更俏

◆ 杨梅原产中国浙江，栽培历史已逾两千年，现有品种300余种。目前主要有东魁、荸荠、丁岙、晚稻、大叶细蒂、小叶细蒂、早荸蜜梅、晚荸蜜梅、二色杨梅、乌酥核、光叶杨梅等。其中，东魁、荸荠、丁岙、晚稻四大主栽品种的种植面积和产量分别占中国杨梅总面积、总产量的80%以上。荸荠种杨梅的种植面积和产量分别占25%、30%；东魁杨梅的种植面积和产量分别占35%、40%。

台州黄岩
7月上旬
24～51克
紫红色

东魁杨梅

宁波余姚
6月中旬
10～17克
紫黑色

荸荠种杨梅

温州茶山
6月下旬
15～18克
紫红色

丁岙杨梅

舟山皋泄
7月上旬
12克
紫黑色

晚稻杨梅

"项里杨梅敌荔枝"，小果实迸发大能量

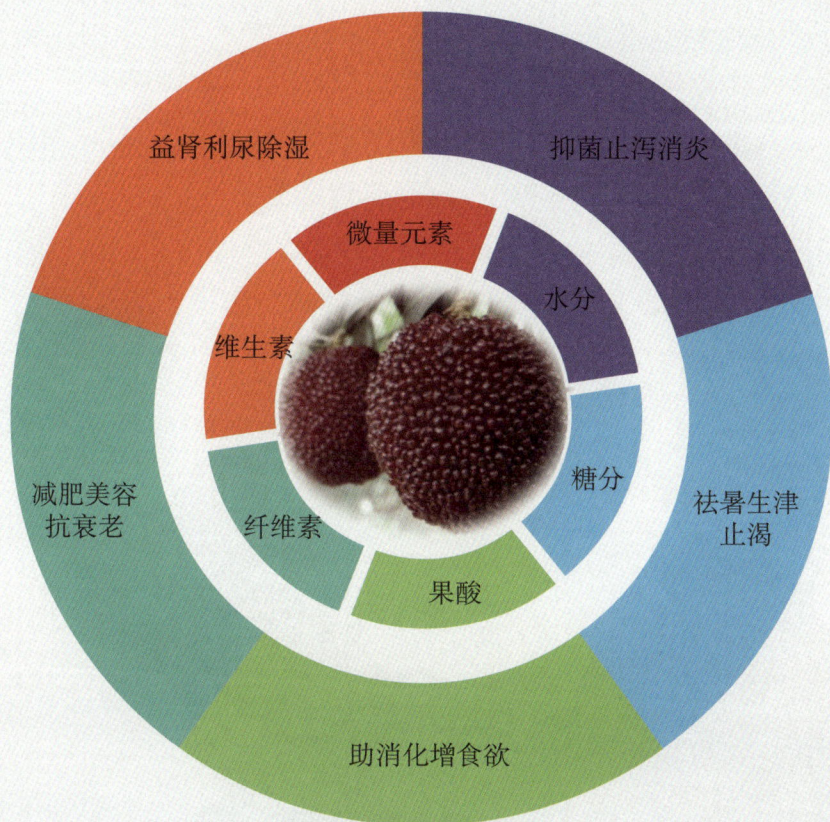

益肾利尿除湿

抑菌止泻消炎

微量元素

水分

维生素

减肥美容
抗衰老

纤维素

糖分

祛暑生津
止渴

果酸

助消化增食欲

杨梅营养成分及功效

营养百宝箱，老少皆宜

◆ 杨梅富含水分、糖分、果酸、纤维素、微量元素、维生素；

◆ 含有一定量的蛋白质、脂肪、果胶及8种对人体有益的氨基酸；

◆ 果实中钙、磷、铁含量要高出其他水果10多倍；具有很高的药用和食用价值，适合不同人群食用。

世界杨梅出中国，中国杨梅产浙江

◆ 世界杨梅90％以上集中在中国，而浙江更是占到中国杨梅栽种面积的60％以上。

◆ 日本、越南、印度、泰国和欧美等国有零星栽培，多作庭院观赏与工业化学原料。

◆ 杨梅的种植区域，大致在北纬18°～33°，即长江以南、海南以北。

◆ 18个省(区、市)种有杨梅，规模化种植主要分布浙江、福建、湖南、贵州、云南诸省。

中国杨梅主要分布区域及各省栽种面积（千公顷）
数据来源：浙江省统计局、本来生活网调研

"闽广荔枝、西凉葡萄，未若吴越杨梅"，
浙江霸占杨梅主产榜

◆ 杨梅产量和栽培面积前10的主产县，浙江分别包揽6席、7席，浙江主产地位稳固。

◆ 云南、福建、湖南的非传统主产县异军突起，有追赶浙江传统主产县之势；云南石屏是杨梅产量最多的县，年产量超8.5万吨。

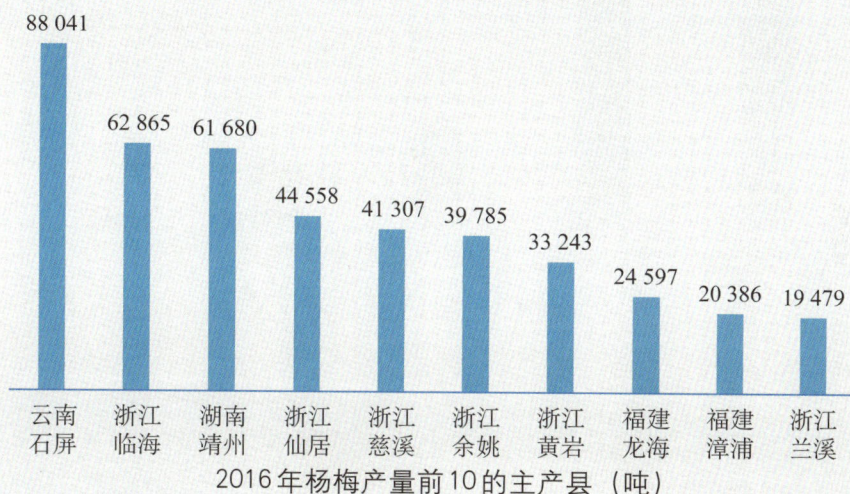

2016年杨梅产量前10的主产县（吨）

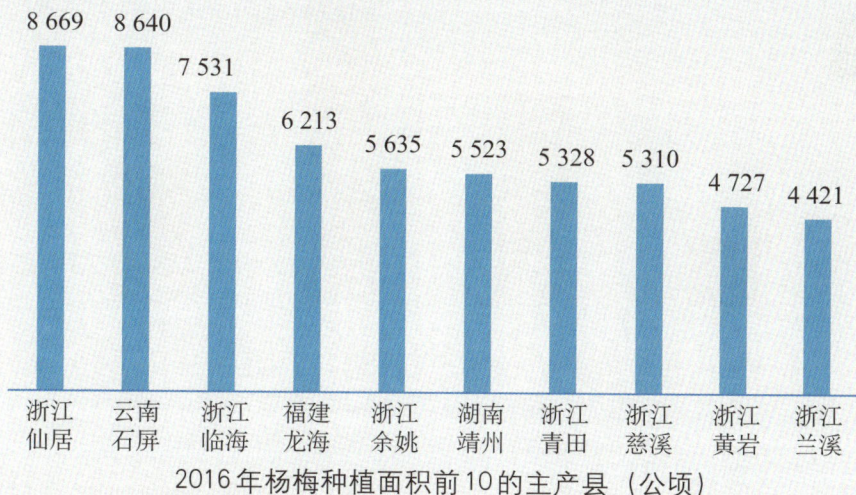

2016年杨梅种植面积前10的主产县（公顷）

数据来源：本来生活网根据2015年浙江、云南、湖南、福建各市县统计局数据，并结合调研估算

电商渠道杨梅溢价高，仙居拔得电商强县头筹

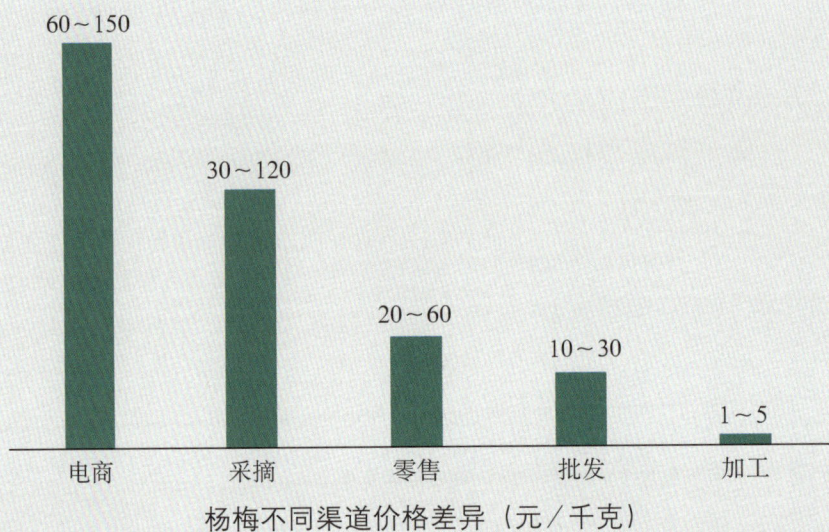

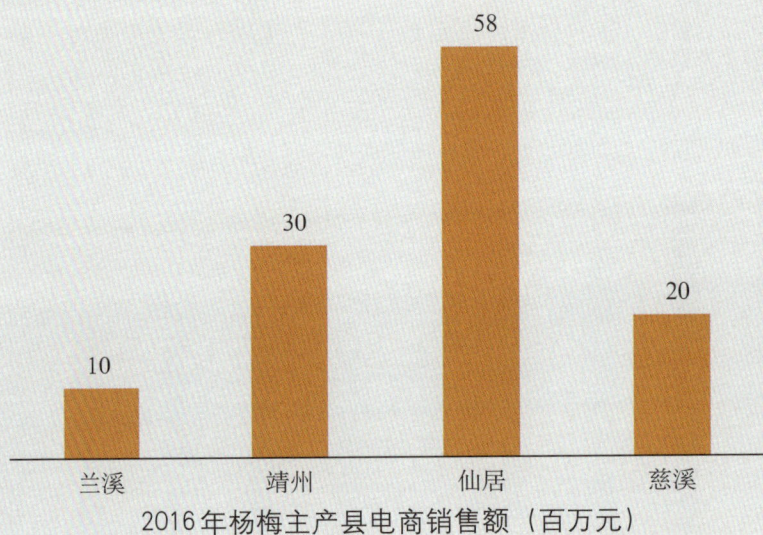

杨梅不同渠道价格差异（元／千克）

电商 60～150
采摘 30～120
零售 20～60
批发 10～30
加工 1～5

2016年杨梅主产县电商销售额（百万元）

兰溪 10
靖州 30
仙居 58
慈溪 20

数据来源：价格数据来自本来生活网市场调研，主产县电商销售额是本来生活网根据各县政府媒体公开数据整理估算

杨梅品牌企业一览，浙江走在前列

杨梅鲜果品牌企业	
企业名称	品牌
余姚市梅老大杨梅专业合作社	梅老大
台州仙果庄园有限公司	仙果
仙居轩农谷种养殖专业合作社	轩农谷
仙居县东岙杨梅合作社	东岙
仙居县鹤顶火果蔬专业合作社	鹤顶
余姚市大自然果蔬有限公司	大自然果蔬
漳州庆辉生态农业有限公司	庆辉

杨梅加工品牌企业		
企业名称	品牌	主产品
浙江扬眉饮品有限公司	扬眉	浓缩杨梅汁
海通食品集团有限公司	卡依之	杨梅汁
温州帝师杨梅酿酒有限公司	帝师	杨梅干、杨梅红酒
昆明经开区滇丰食品厂	滇丰牌	杨梅干
浙江扬百利生物科技有限公司	扬百利	杨梅汁
浙江慈溪市横河镇和成食品厂	和成	鲜杨梅、杨梅酒
浙江聚仙庄饮品有限公司	聚仙庄	杨梅汁、杨梅酒

资料说明：本来生活网调研

杨梅加工水平依旧低，深加工市场待开拓

◆ 杨梅加工目前仍主要是传统作坊式加工，工厂化加工还处于起步阶段。一是杨梅鲜果价格高，加工必要性小；二是研发投入不足，国内加工技术水平低。

◆ 杨梅加工量占总量的比例低，且以粗加工产品为主；杨梅酒、杨梅罐头、杨梅果酱、杨梅汁等技术投入高的深加工产品较少。

◆ 杨梅深加工产品认知度不高，市场开拓难度大。

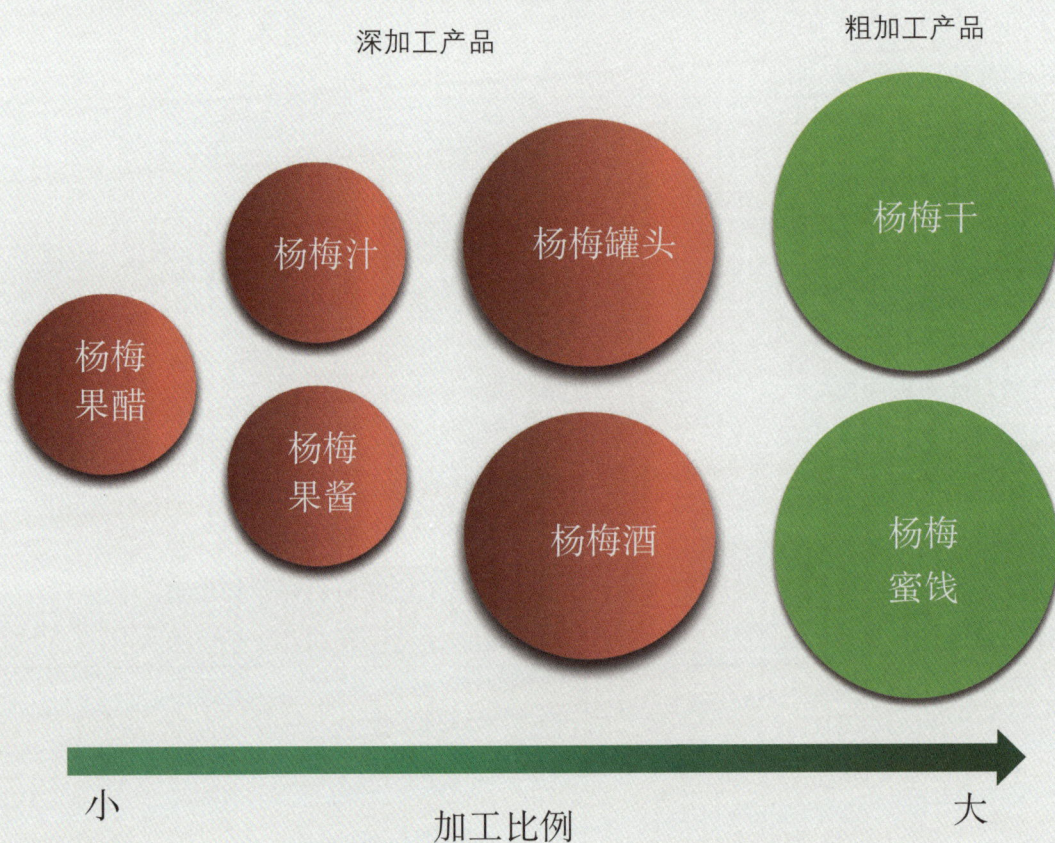

深加工产品　　　　　　　　　　　　粗加工产品

杨梅果醋　　杨梅汁　　杨梅罐头　　杨梅干

杨梅果酱　　杨梅酒　　杨梅蜜饯

小　　　　　　加工比例　　　　　　大

CHAPTER 3

三、杨梅产业政策

——兰溪"杨梅节"支持种植户增产增收

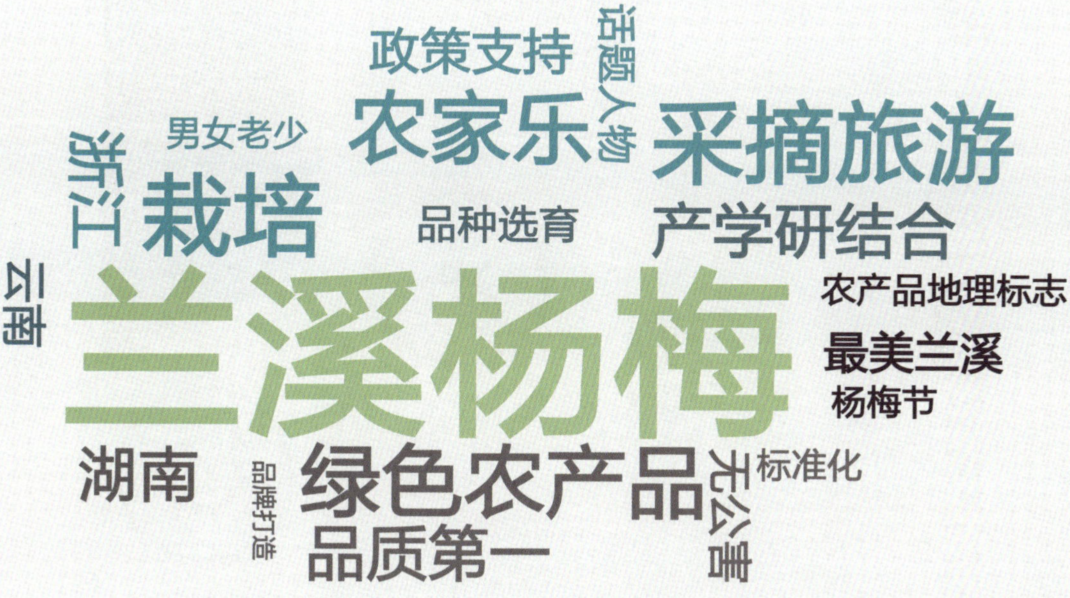

政策支持　话题人物
农家乐　采摘旅游
新江　男女老少　品种选育　产学研结合
栽培　　　　农产品地理标志
云南　兰溪杨梅　最美兰溪
杨梅节
湖南　品牌打造　绿色农产品　无公害　标准化
品质第一

多策并举，主产省农林部门为杨梅产业发展保驾护航

产地推广
品牌塑造

建立标准
技术培训

品种培育
产学研集合

大棚、喷滴灌
杀虫灯、保鲜库等
生产设施补助

产区规划
道路设施

浙江兰溪杨梅产业带动果农增产增收

◆ 在浙江省农业厅、金华市政府、兰溪市政府及农林部门的推广带动下，兰溪市杨梅栽种面积逐年增长。

◆ 2015年由于杨梅花期受低温影响较大导致杨梅减产，在2016年产季，各级相关部门高度重视，兰溪市农业局邀请浙江省农科院等科研院校为杨梅选育新品种、推广果树避雨技术、虫害防控技术，果农管理水平持续提高，杨梅生产提质增效，果农增产增收。

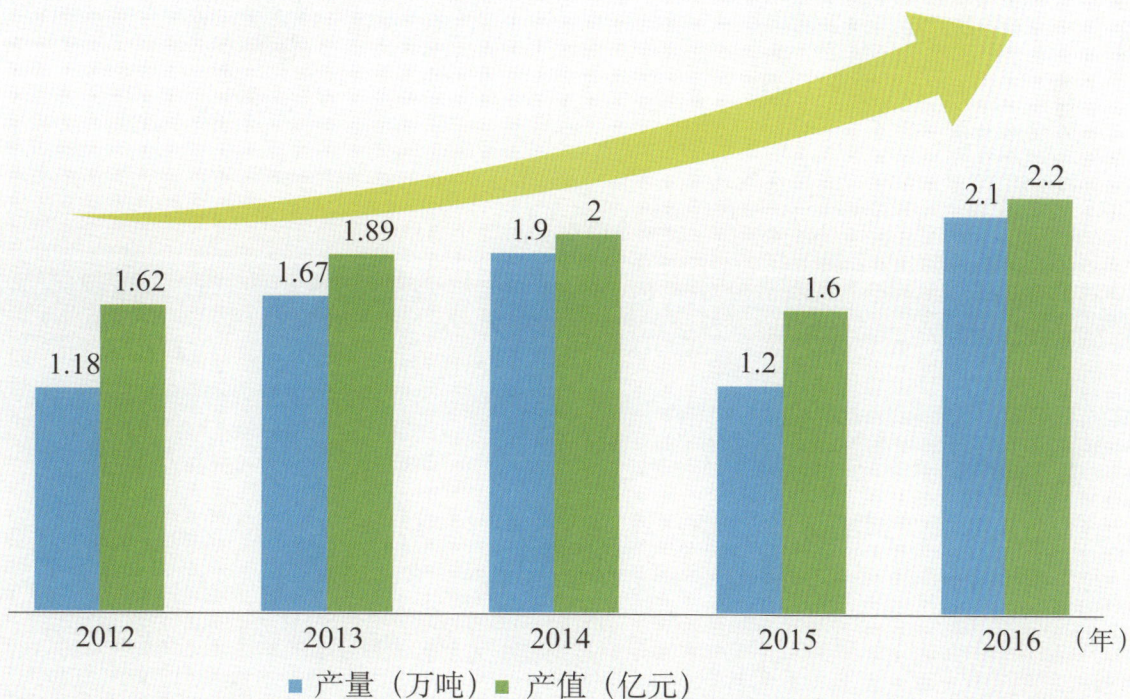

年份	产量（万吨）	产值（亿元）
2012	1.18	1.62
2013	1.67	1.89
2014	1.9	2
2015	1.2	1.6
2016	2.1	2.2

■ 产量（万吨）　■ 产值（亿元）

数据来源：兰溪市市政府、农业局

兰溪政府支持杨梅产业化、规模化发展

5.2万人

50家专业合作社

1.74万种植户

11家杨梅加工厂

◆ 在当地政府政策多年支持鼓励下，兰溪已形成以S314省道沿线为主的云山、香溪、马涧、柏社4乡镇（街道），其杨梅栽种面积、产量占全市98%以上，五十里杨梅长廊颇具特色。

◆ 全市现有500～1 000亩[*]的杨梅村27个，千亩以上的专业村12个（行政村区域调整前）。据初步调查，全市从事杨梅生产种植的农户约1.74万户（约5.2万人），户均种植杨梅面积约3.8亩（人均面积1.28亩）；全市5亩以上大户约3 000户，约占17.2%；有杨梅专业合作社约50家，注册资金总额3 000多万元，社员2 100多人；此外，有果品加工企业约11家，年加工杨梅量达6 000吨。

数据来源：兰溪市市政府、农业局

* 亩为非法定计量单位，1亩 ≈ 667米^2。——编者注

电商联合现代物流让兰溪品牌杨梅走向全国、奔向世界

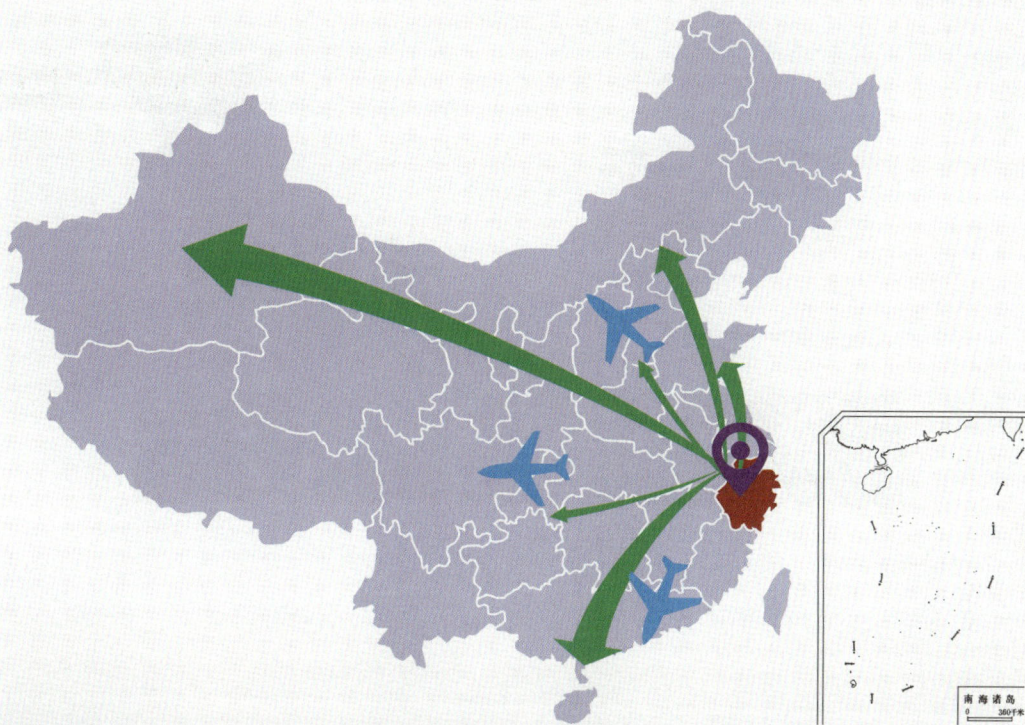

价格
10～60元/千克

收入
4 300元/亩

马涧里山
朱山 精品 名牌 梅子 冠军
绿色 浙江 出口 杨梅
下蒋坞 全国十佳 金奖
无公害

数据来源：兰溪市市政府、农业局

兰溪杨梅节辐射产业广、带动效应强

◆ 杨梅采摘与游景结合起来，形成组合产品，景区景点人气旺盛，杨梅节沿线 农家乐 、餐饮、酒店生意火爆，促进当地居民就业、增加收入。据兰溪市旅游局统计，去年6月份杨梅节期间，观光游客3.5万人次，地下长河、诸葛八卦村游客分别达1.2万人次和1.8万人次；杨梅节附近几个主要酒店的营业额是平常的5倍以上，市区各主要酒店的餐饮利用率达到85%以上，9家星级宾馆入住人数达1.5万人次。另外，外地游客自驾游或者团队游，本地及周边地区散客公交、中巴游带动兰溪交通运输业发展；耗用包装用品（不含塑料篮）增加，带动相关企业产值100万元以上。

数据来源：兰溪市市政府、农业局

四、杨梅产业发展趋势

——消费流通升级倒逼杨梅产业技术革新与经营模式调整

利用率
规范化
渠道 现代超市
种植 保鲜 规模化 深加工
经营主
体多样
消费升级 产业趋势
休闲采摘 生鲜电商 综合
品质第一 利用

城市化水平增加、居民收入提高，水果消费升级

◆ 随着生活水平提高、城市化进程加速，居民越来越注重食品安全、营养健康问题，有机、绿色、特色稀缺水果等中高端食品需求增加，杨梅作为具有南方特色的稀缺水果，需求也将进一步增加。

中国经济处于调结构阶段，增长速度虽然略有放缓，但居民收入仍然以每年6%左右的速度增加，消费水平日渐提高，人们对于作为人体维生素、矿物质和膳食纤维的重要来源的水果消费也日渐增加。 同时，收入增加也促使消费者对于水果品质、新鲜度、配送服务有了更高要求。

收入

二孩政策全面放开，人口老龄化趋势日渐严重，儿童和老人在人口结构中比例也在以1%左右的速度增加。这两类人群水果消费更加注重食品安全、营养健康。

人口结构

水果产品城乡消费差异大，城市人均水果消费是农村消费的2.5倍左右。中国正在以年均1%的增长速度不断城市化，城市化率的增长也将一定程度上促进水果需求的增加。

城市化

消费升级、农化零增长、土地流转加速等促进杨梅产业技术提升、经营高效、管理规范

◆ 首先，消费升级、农化零增长促使杨梅既要保障产量又要保障品质与食品安全，这就要求从育苗、栽培、种植管理到采收等各个种植环节都有严格的操作规程，减少病虫害，控制化肥农药使用量，平衡产量、效率与品质，这样从根本上就需要杨梅研发、种植、产后技术提升，管理更加规范化、科学化。

◆ 第二，土地流转规模增加、土地流转政策逐渐完善利于杨梅产业经营组织模式升级。果园流转，家庭农场、合作社、农业企业等新型杨梅种植主体逐渐增多，杨梅产业规模化水平必将不断提升；同时，果园租赁、公司+合作社+果农、订单农业、果园托管等新型经营模式不断涌出，规模化水平提高、经营模式演进升级将进一步促进种植机械化、果园管理规范化、杨梅产品标准化品牌化。新型经营主体更加关注品质与市场，对于技术、管理与市场信息的投入增加，经验管理水平必将提高，对于市场的影响力也将增加。

◆ 第三，消费升级促进杨梅加工水平提升。目前杨梅品种结构相对单一，多数杨梅品种只适用于鲜果消费，几乎没有专业用于杨梅加工的品种，而消费者对于杨梅加工品的需求不断多元化，这将促使对杨梅品种及加工技术的研究选育投入增加，利于杨梅品种的多元化与加工水平的提高。

组织化程度提升	规模化水平增加	市场影响力增加	品种多元化	技术提高

效率提升	管理规范	产品标准化	品牌化	食品安全

消费升级提高冷链技术管理水平，杨梅流通更鲜、更快、更安全，生鲜电商、新零售发展势头强劲

◆ 居民收入增加，工作日渐繁忙，消费需求还体现为水果新鲜度及时性、以及消费体验。而目前我国水果鲜果流通依然以传统流通渠道为主，需要经过农户、经纪人、批发市场、商超、农贸市场、水果摊贩等零售终端多个环节，应用冷链物流流通的水果仅为20%左右，耗时长、运输耗费严重、运送货品安全性差、产品保鲜能力差，从田头到餐桌的损耗率达到15%以上，像杨梅、蓝莓、草莓、桑葚等其他浆果类水果损耗率甚至在20%以上，更谈不上消费体验。传统渠道已经不足以满足消费者的需求。

◆ 随着冷链基础设施建设的不断完善、物流仓储管理水平的提升以及杨梅产后技术管理水平的不断提高，消费升级需求通过电商渠道得以实现。生鲜电商以及线上线下结合的新零售等渠道简化流通环节，直接链接产地与消费者，利用冷链更加快捷、高效、安全地把杨梅送到消费者手中，进一步满足消费者的需求。

传统市场	现代超市	生鲜电商	休闲采摘
包含：菜市场、小商贩、杂货店、农贸市场……	包含：超市、大卖场、社区便利店、连锁店……	包含：微商、综合电商、垂直电商、O2O模式……	包含：田间地头、现采现吃。

五、线上水果消费研究

——生鲜电商锐利亮剑

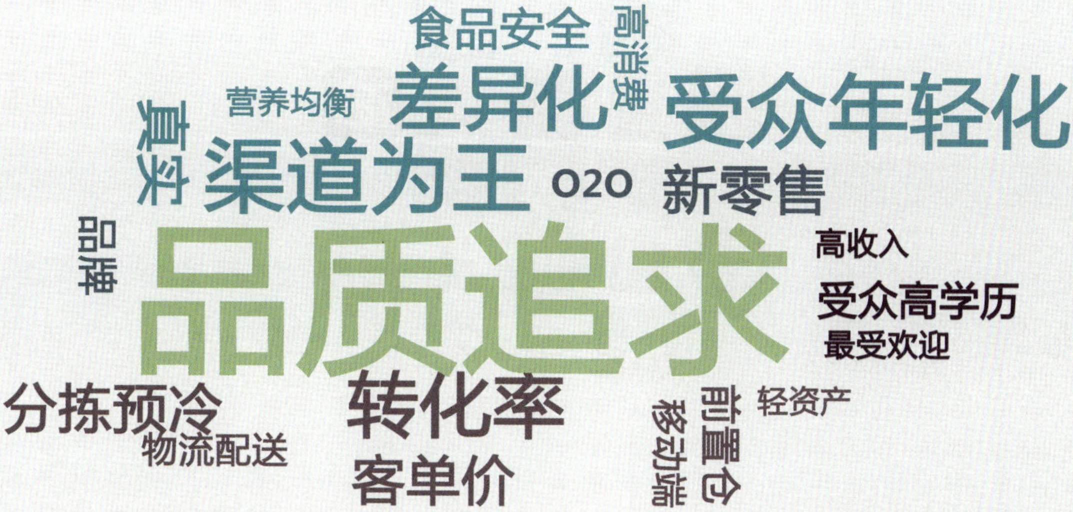

食品安全　高消费

营养均衡　**差异化**　**受众年轻化**

真料　**渠道为王**　O2O　**新零售**

品牌

高收入

受众高学历

最受欢迎

品质追求

分拣预冷　**转化率**　前置仓　轻资产

物流配送　　移动端

客单价

水果电商风生水起，线上销量逐年提升

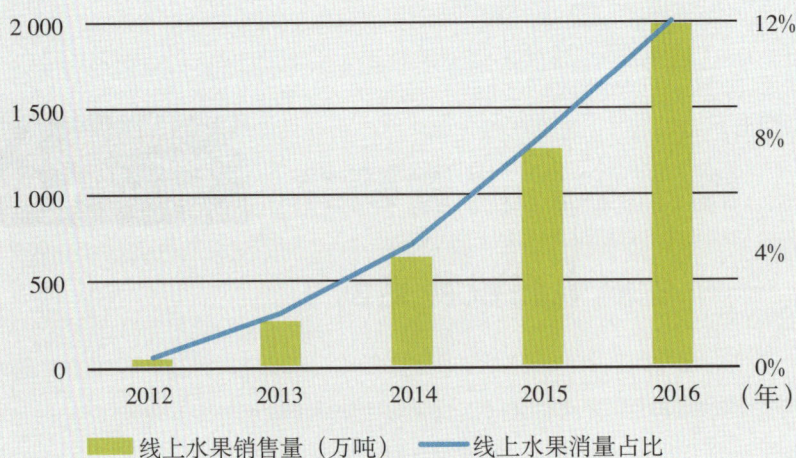

线上水果销量情况

各主要生鲜电商平台

◆ 2016年生鲜电商平台数量超百家，线上水果销售量已达2 000万吨，占全国水果销量的12%左右，比5年前增长10倍以上。

◆ 生鲜电商运营模式逐渐优化成熟，供应链管理能力、市场营销推广能力、物流配送成本与效率的管理能力逐渐增强，加之产地种植端不断优化、冷库冷链建设日渐完善，到达消费者手中的水果标准化程度、新鲜度明显提高，生鲜电商消费者线上线下用户体验不断提升，水果销量倍增。水果行业已进入良性发展循环，本来生活网等生鲜电商已成为水果流通的重要渠道。

数据来源：本来生活网市场调研

仁果、柑橘仍居要位，核果、浆果、热带水果渐入佳境

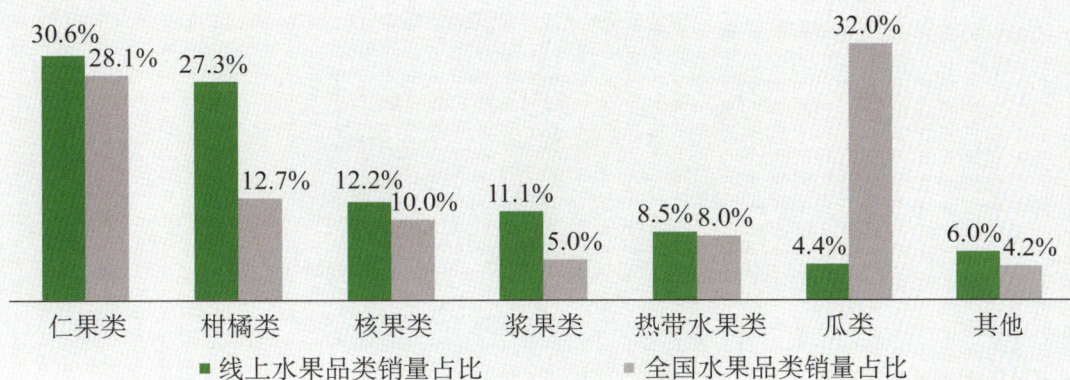

30.6% 28.1%   27.3% 12.7%   12.2% 10.0%   11.1% 5.0%   8.5% 8.0%   4.4% 32.0%   6.0% 4.2%

仁果类   柑橘类   核果类   浆果类   热带水果类   瓜类   其他

■ 线上水果品类销量占比   全国水果品类销量占比

◆ 产量高、易仓储的苹果、梨、猕猴桃、火龙果等仁果类水果以及橙、橘、柑、蜜柚等柑橘类水果最受线上消费者欢迎。

◆ 资源稀缺的樱桃、杨梅、荔枝等核果类，蓝莓、草莓、葡萄等浆果类，以及榴莲、芒果、菠萝、香蕉等热带水果紧随其后，线上销量增长加快。

◆ 受制于运输、仓储、物流配送、产品价格等因素，瓜类水果线上销量占比远低于其在全国水果销量的占比（32%）。

数据来源：本来生活网

安全、新鲜、便捷，生鲜电商值得信赖

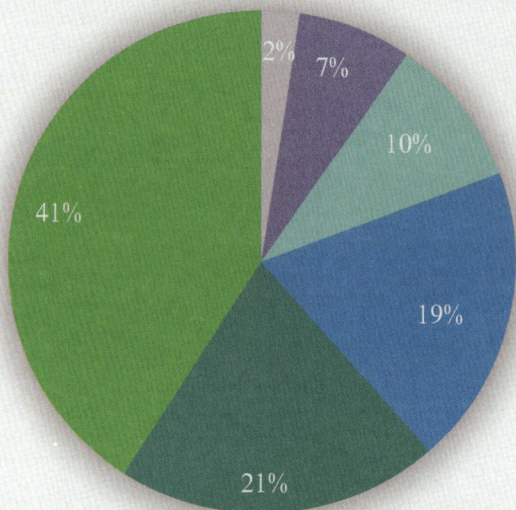

营养 ■ 实惠 ■ 品牌 ■ 方便快捷 ■ 新鲜 ■ 食品安全

消费者选择电商渠道购买水果原因

根据本来生活网市场调研数据

◆ 41%的线上水果消费者认为电商平台购买的水果食品安全更有保障；

◆ 新鲜度高、方便快捷也是消费者选择电商渠道购买水果的重要原因；

◆ 消费者对于水果品牌的认知度仍然不高，仅有10%左右的调研对象在线上购买水果时考虑品牌因素。

数据来源：本来生活网市场调研

"生鲜电商，最爱你的人是我！"——By1980s

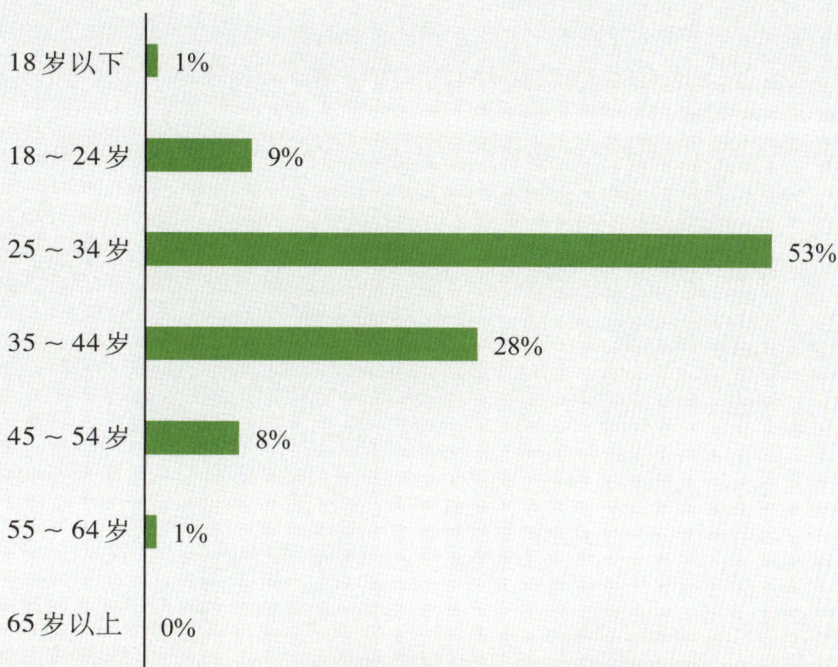

生鲜电商清费人群年龄分布

本来生活网数据显示

◆ 25～34岁的人群在生鲜电商消费者中占比最大，达53%，这类消费者主要为"80后"，收入处于增长期，愿意尝鲜、追求轻松、优雅的小资生活。

◆ 其次为35～44岁，占比28%，这类人群多为"70后"，是现阶段社会发展的中流砥柱，讲究生活品质、消费理性、关注食品安全、营养与健康，但工作繁忙。

数据来源：本来生活网

苹果、安卓，小伙伴下单更爱移动端

◆ 手机及其他移动端使用更加便捷方便，根据本来生活网的数据，通过移动端下单购买生鲜产品的消费者占比达92.5%，远大于网站。

◆ 从客单价来看，网站客单价明显高于移动端；移动端中，IOS终端客单价略高于Android端及Wap端。

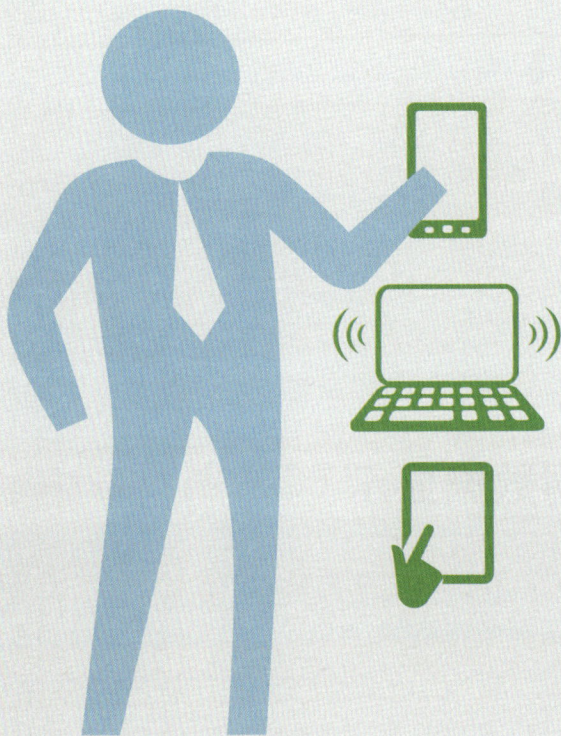

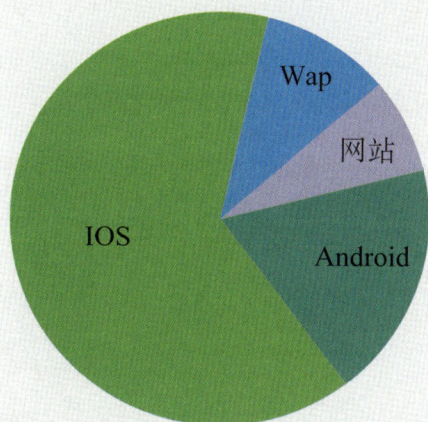

消费者下单渠道来源

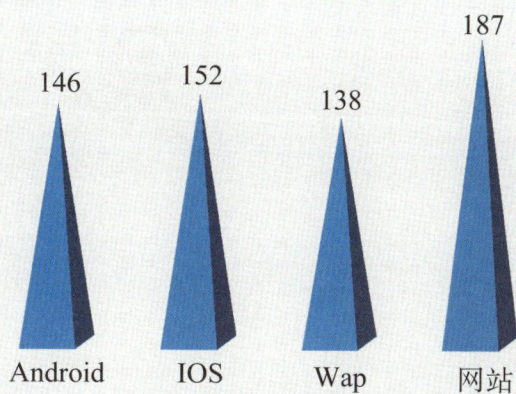

消费者平均客单价（元）

数据来源：本来生活网

线上水果钟爱粉儿还看京广沪江浙

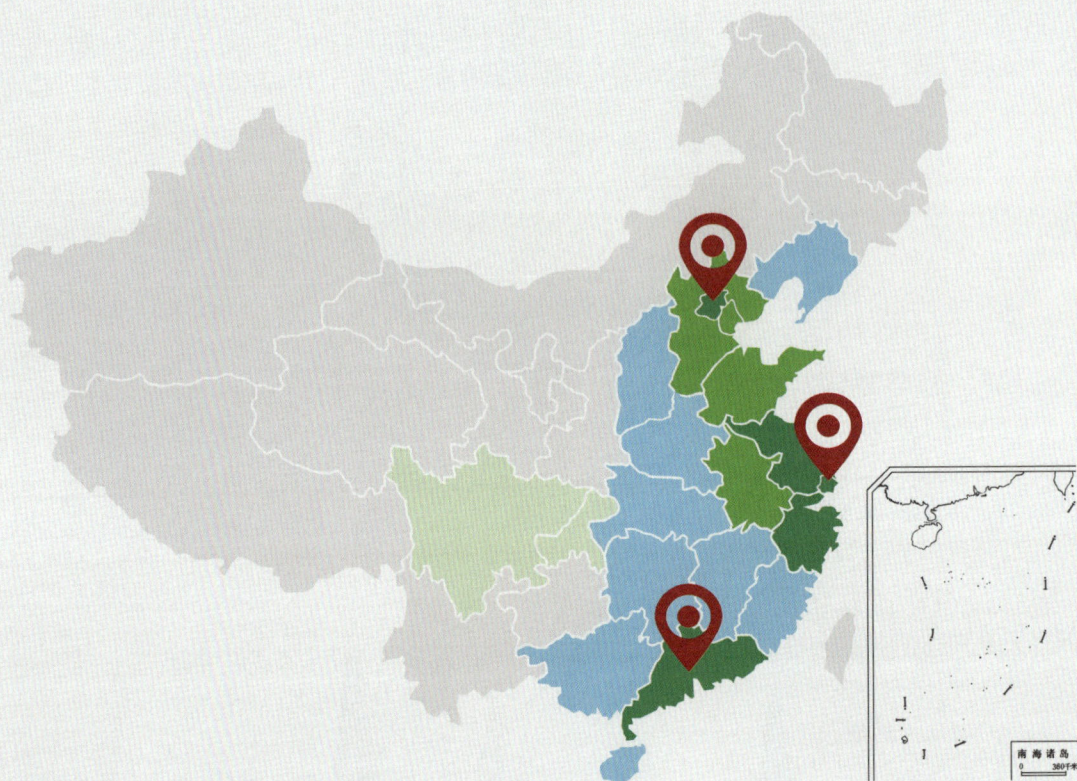

线上水果主要消费者地区分布

本来生活网数据显示

◆ 线上水果消费者主要来自京津冀、长三角、珠三角地区等经济发达、物流仓储配套基础设施完善、消费水平较高的东部沿海地区。

◆ 其中，北京、广东、上海、江苏、浙江地区消费者占比合计高达90%以上。

数据来源：本来生活网

CHAPTER 6

六、杨梅线上消费者分析

—— 厉害了我的杨梅

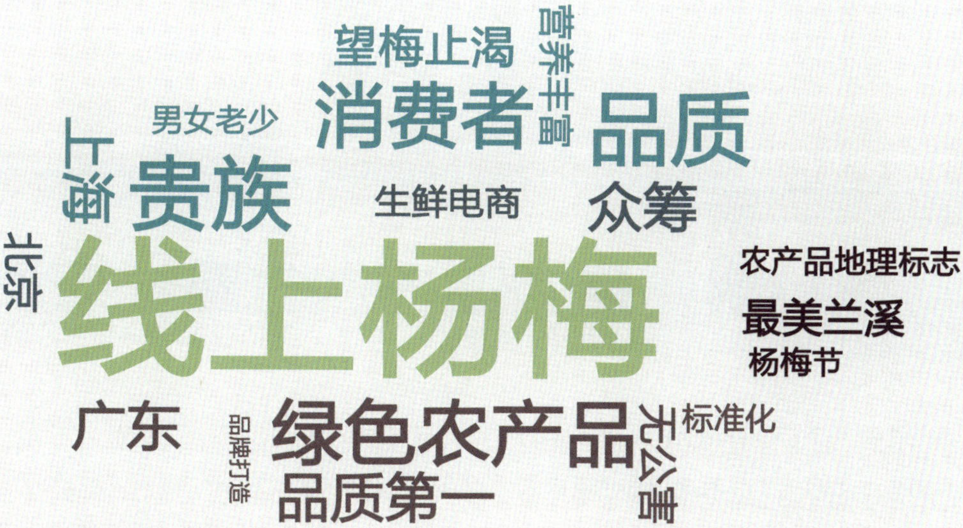

望梅止渴 营养丰富

消费者 品质

男女老少

上海 贵族 生鲜电商 众筹

北京 农产品地理标志

线上杨梅 最美兰溪

杨梅节

广东 品牌打造 绿色农产品 无公害 标准化

品质第一

线上杨梅才是真"贵族"，消费者执着"去零取整"

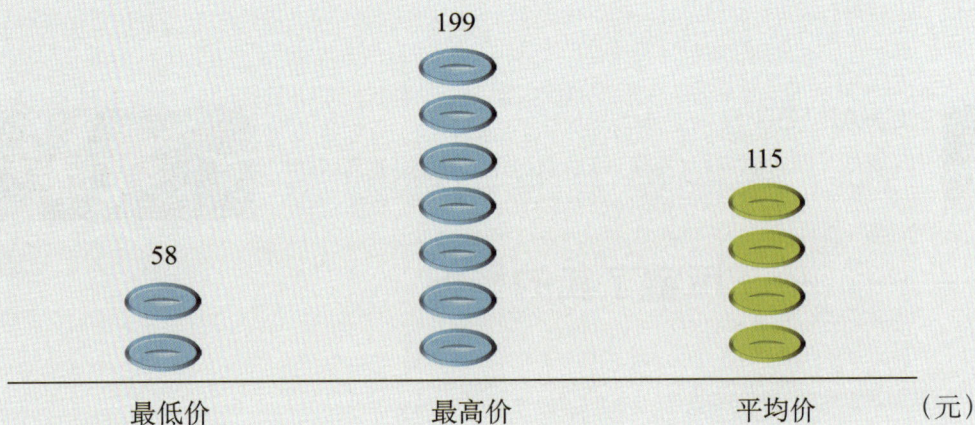

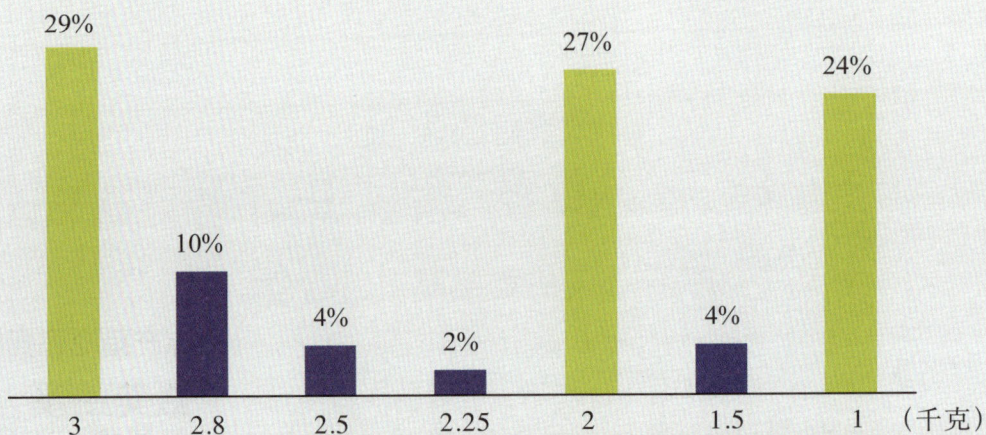

最低价：58　最高价：199　平均价：115　（元）

3：29%　2.8：10%　2.5：4%　2.25：2%　2：27%　1.5：4%　1：24%　（千克）

◆ 生鲜电商平台杨梅销售价格普遍高于传统渠道，不同品牌、不同产品之间价格差异大，最高可达近200元/千克，最低也有近60元/千克。

◆ 根据本来生活网数据，线上消费者购买杨梅时，更倾向于选择整数重量的产品规格。

数据来源：本来生活网

浙江杨梅俏遍半个中国，京沪人民抢下单

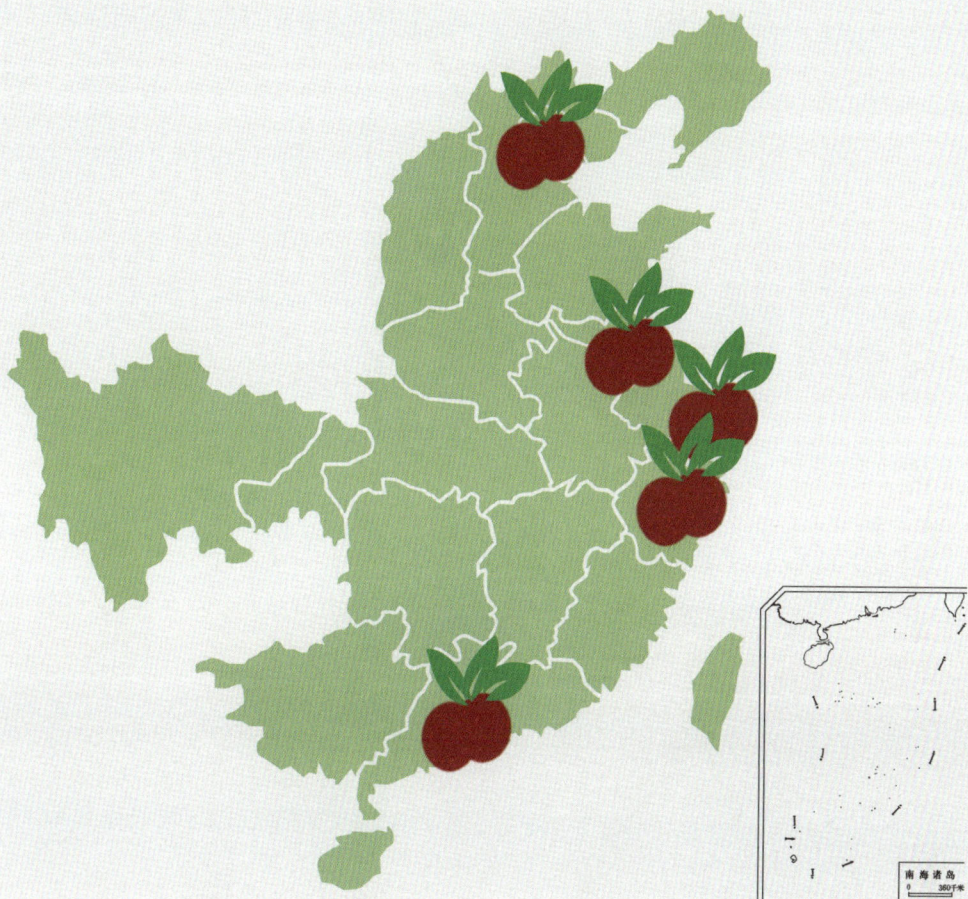

本来生活网数据显示

◆ 线上高品质杨梅90%来自浙江余姚、慈溪、仙居等地。

◆ 消费市场主要分布在北京、上海、广东、江苏、浙江、天津等收入与消费水平较高地区，其中北京、上海两个城市线上购买杨梅者合计达50%以上。

数据来源：本来生活网

杨梅时节近，吾欲理行滕——六月杨梅不再"寂寞"

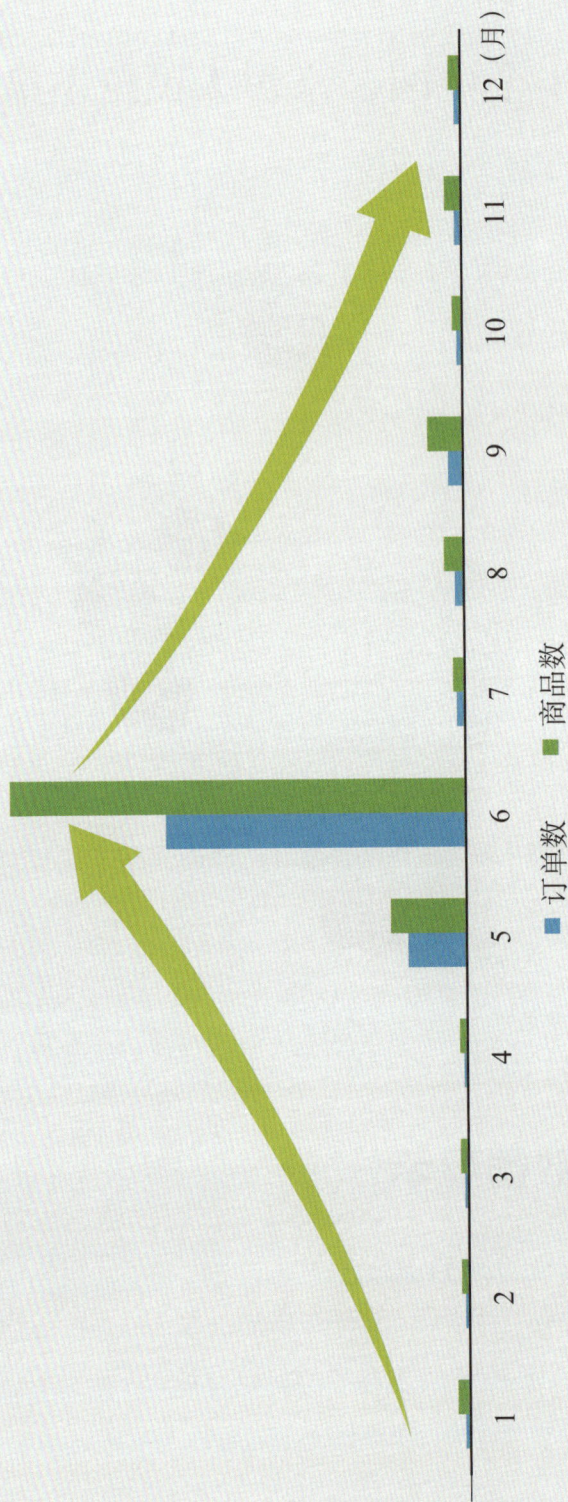

本来生活网数据显示

◆ 线上杨梅畅销的月份主要集中在6月份，占全年销量的73%，这主要是由于杨梅的成熟期集中在5月下旬到6月底，鲜果不易保存，因而销季也较为集中。

■ 订单数　■ 商品数

1　2　3　4　5　6　7　8　9　10　11　12（月）

数据来源：本来生活网

玉盘杨梅为君设，"望梅止渴"还须争分夺秒

本来生活网数据显示

上午 10～11 点，下午 2～5 点，晚上 8～10 点，这三个时段的杨梅销量占线上总销量的 60% 以上。此三个时段消费者正疲累，玉盘杨梅为君解乏添香。

数据来源：本来生活网

七、生鲜电商重塑杨梅产业链

—— 品牌塑造让杨梅返本归真

品牌塑造　本来生活
前置仓　预售
食品安全
京东　效率　轻库存　线上
每日优鲜　天猫
生鲜电商　预冷包装
评价
全程冷链　品牌打造　产地直供　标准化　无公害
品质第一

杨梅产业链全貌

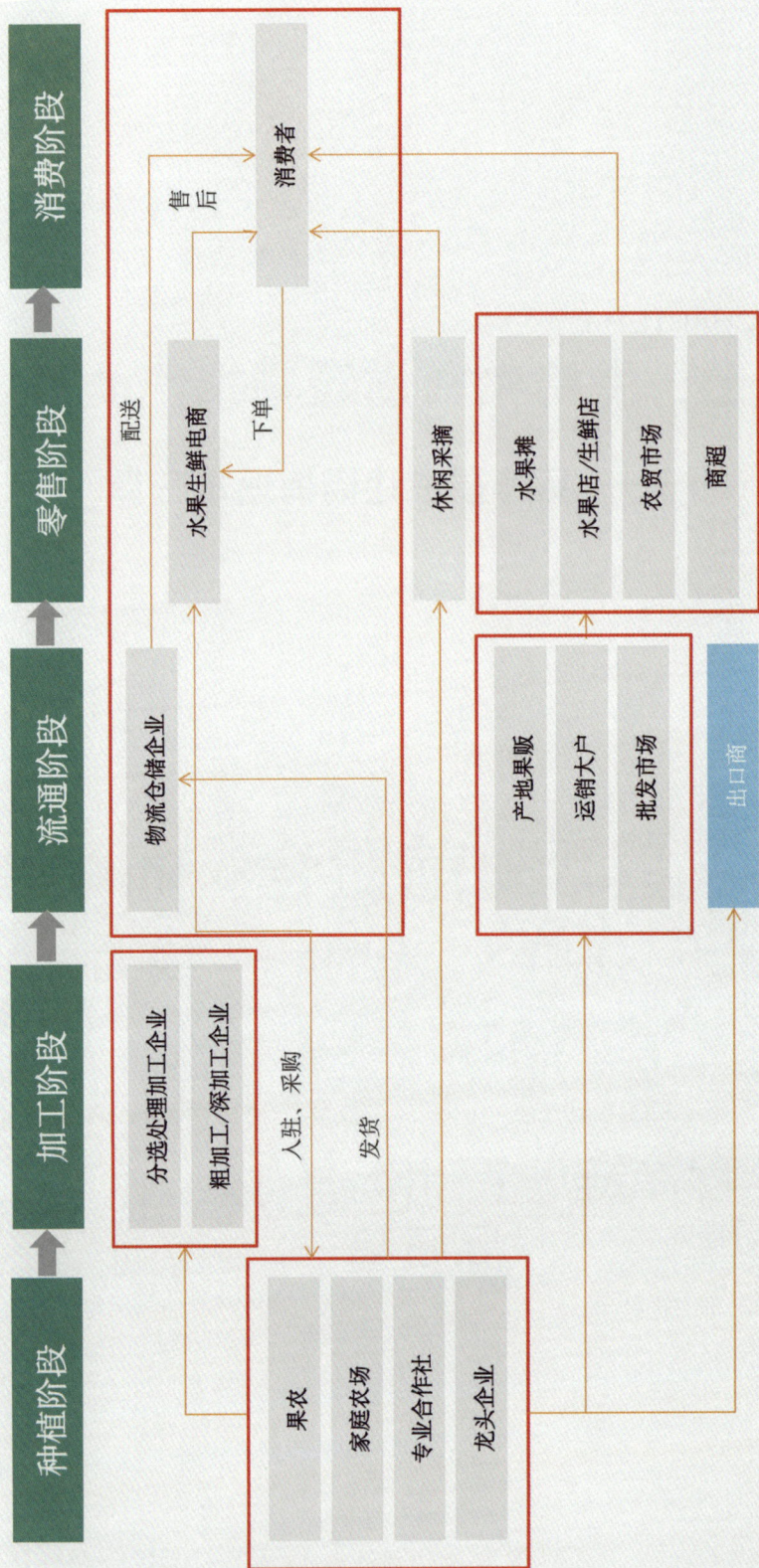

种植阶段	加工阶段	流通阶段	零售阶段	消费阶段

消费者

售后

配送

水果生鲜电商

下单

物流仓储企业

休闲采摘

水果摊
水果店/生鲜店
农贸市场
商超

分选处理加工企业
粗加工/深加工企业

入驻、采购

发货

产地果贩
运销大户
批发市场

出口商

果农
家庭农场
专业合作社
龙头企业

生鲜电商整合上下资源，重塑杨梅产业链

◆ 生鲜电商下游直接对接消费者需求的升级，中游促进冷链物流、包装、仓储、加工产业发展，倒逼上游杨梅种植端规模化发展、产业模式升级、产品标准化，助力杨梅种植农户销售产品、塑造品牌

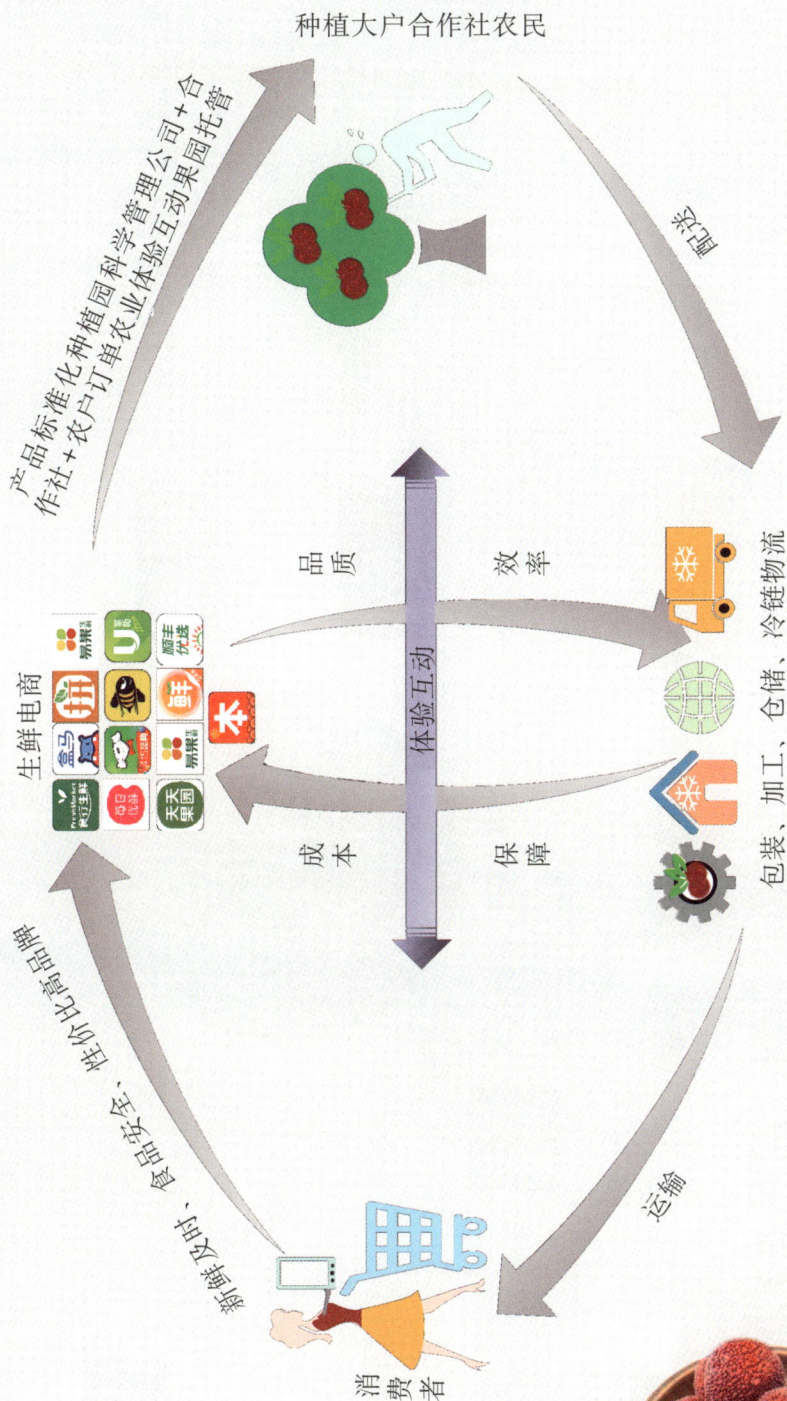

种植大户合作社农民

产品标准化种植种园科学管理公司+合作社+农户订单农业体验互动果园托管

配送

效率

品质

体验互动

效率

成本

保障

生鲜电商

包装、加工、仓储、冷链物流

运输

食品安全·新鲜及时·性价比高品牌

消费者

生鲜电商各显神通，杨梅借势鲜销全国

◆ 兰溪、余姚、福建：采用 采购+线上销售+配送 的方式，通过流程优化，严把品控关，将杨梅从原产地及时高效送到消费者手中。

◆ 仙居：线上顺丰优选，通过顺丰航空物流体系，24小时送达；线下社区门店顺丰家、顺丰嘿客，杨梅体验活动，试吃、自提或配送。

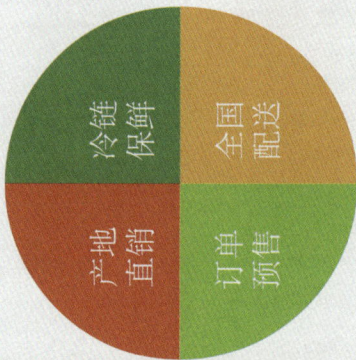

◆ 仙居、浮宫：利用全国一线城市实体平台以及苏宁易购B2C平台，为杨梅搭建销售平台。

◆ 石屏、仙居、福建浮宫：向京东平台卖家、生鲜电商提供批量寄递杨梅快件的专属冷链配送服务，保障杨梅配送时效和品质。

◆ 全国各地：网络主题活动，用平台活动的大流量资源，短期内实现规模销售；店铺销售方式，通过淘宝农村馆，联合、对接本地网商和供应商，打通梅农的线上销售渠道。

（图：冷链保鲜　全国配送　订单预售　产地直销）

模式	综合平台电商	采购+销售网站/APP+配送	自有基地+采购+销售网站/APP+配送	超市旗下电商
代表	天猫、淘宝、一号店、亚马逊	本来生活、易果生鲜、天天果园、每日优鲜	沱沱公社、多利农庄、正谷有机	山姆会员、乐购

流程优化、品控把关，电商成就杨梅品牌

品牌塑造需要产品标准化，而以本来生活网为代表的生鲜电商直接对接原产地资源，通过流程优化，严把品控关，将标准化程度高的杨梅从原产地及时高效送到消费者手中；同时，挖掘"农业、农人、农产品"的故事，通过品牌重塑，创意营销，为杨梅溢价，成就了诸多杨梅品牌。

前期产地品控

上架销售
预售

用户下单

产地品控

冷藏包装

源产地发货

全程冷链用户收货反馈

买手深入杨梅产地

图书在版编目（CIP）数据

中国杨梅产业发展报告．2017 ／ 上官王强，喻华峰
主编．—北京：中国农业出版社，2017.6
ISBN 978-7-109-23068-2

Ⅰ．①中… Ⅱ．①上… ②喻… Ⅲ．①杨梅－作物经
济－经济发展－研究报告－中国－2017 Ⅳ．①F326.11

中国版本图书馆CIP数据核字（2017）第117749号

中国农业出版社出版
（北京市朝阳区农展馆北路2号）
（邮政编码 100125）
责任编辑 张丽四

———————————

中国农业出版社印刷厂印刷 新华书店北京发行所发行
2017年6月第1版 2017年6月北京第1次印刷

———————————

开本：787mm×1092mm 1/16 印张：3.25
字数：100千字
定价：30.00元
（凡本版图书出现印刷、装订错误，请向出版社发行部调换）